幸福空间
设计师丛书

U0345474

低调奢华风
精选设计

幸福空间编辑部 编著

清华大学出版社

北京

内 容 简 介

本书精选我国台湾一线知名设计师的28个低调奢华风空间最新真实设计案例，针对每个案例进行图文并茂地阐述，包括格局规划、建材运用及设计装修难题的解决办法等，所有案例均由设计师本人亲自讲解，保证了内容的权威性、专业性和真实性，代表了台湾当今室内设计界的最高水平和发展潮流。

本书还配有设计师现场录制的高品质多媒体教学光盘，其内容包括大气东方韵 好宅规划（陈嘉鸿主讲）、大尺度娱乐生活（黄靖玹主讲）、零距离接待会所（罗仕哲主讲），是目前市面上尚不多见的书盘结合的室内空间设计书。

本书可作为室内空间设计师、从业者和有家装设计需求的人员以及高校建筑设计与室内设计相关专业的师生使用。

图书在版编目（CIP）数据

低调奢华风精选设计 / 幸福空间编辑部编著. - 北京：清华大学出版社，2016
（幸福空间设计师丛书）
ISBN 978-7-302-43263-0

I. ①低… II. ①幸… III. ①住宅－室内装饰设计 IV. ①TU241

中国版本图书馆CIP数据核字（2016）第044187号

责任编辑：王金柱
封面设计：王　翔
责任校对：闫秀华
责任印制：宋　林
出版发行：清华大学出版社
　　　　　网　　址：http://www.tup.com.cn，http://www.wqbook.com
　　　　　地　　址：北京清华大学学研大厦A座　　　　　邮　　编：100084
　　　　　社 总 机：010-62770175　　　　　邮　　购：010-62786544
　　　　　投稿与读者服务：010-62776969，c-service@tup.tsinghua.edu.cn
　　　　　质量反馈：010-62772015，zhiliang@tup.tsinghua.edu.cn
印 装 者：北京天颖印刷有限公司
经　　销：全国新华书店
开　　本：213mm×223mm　　　　印　张：8　　　　字　数：192千字
　　　　　附光盘1张
版　　次：2016年5月第1版　　　　　　　　　印　次：2016年5月第1次印刷
印　　数：1~3500
定　　价：49.00元

产品编号：062962-01

大器东方韵-好宅规划	陈嘉鸿	主讲
大尺度娱乐生活	黄靖玹	主讲
零距离接待会所	罗仕哲	主讲

现场实录

王牌设计师主讲　本光盘教学录像
由幸福空间有限公司授权

Interior Design　带您进入台湾设计师的
魔法空间

设计师 About Designer

P001 谢秋贵

拥有多年的实战经验，涉猎如室内设计、艺术装饰、家具定制及家具展示。目标是为客人提供时尚顶级的生活品味，创造独特的居住生活。

P008，P060 李兆亨

设计源自于人性化，提倡依不同的个案需求，提供个性设计与家具搭配，创造完美的空间设计，拥有深厚扎实的室内设计功力。

P016 黄琪玲

空间设计的艺术，取决于空间动线、收纳、面积利用、人性化使用与风格的完美结合，并让预算发挥最大值，赋予空间完整风格以及超乎其预算的极致效果。

P024 曾裕芳

以"诚信、专业、服务"为经营理念。所谓"诚信"就是实实在在，使用真实材料绝不使用劣等品，让生活质量获得保障。所谓"专业"即是以个人20年的实战经验，加上学术理论为业主执行周全的设计规划。所谓"服务"就是重视业主日后使用上的种种问题，将业主当成永远的朋友。

P004 P126 郁琇琇

经历：10多年室内设计实战经验，主持过多个住宅、别墅及商业办公的设计案，设计触觉广泛。
设计强项：商业空间、办公空间、住宅、别墅。
设计风格：都市时尚、现代简约、摩登居家、新古典。

P013 王光宇

设计始终来自于在乎。在乎客户的每一个想法，在乎生活与物质息息相关，在乎现在的流行时尚，充分聆听与沟通，去芜存菁，为客户规划合理的居住空间，并融入自然、人文艺术、道德与情感。

P020 周建志

实用住宅改造达人，擅长为房主打造实用兼具设计感的家，以极为严谨且细致的专业及经验，为房主打造高品质的居家生活。
设计强项：旧房翻新、收纳功能设计、新房规划等。

P028 黄瑞楹

性格是理性与感性的和谐平衡，设计作品往往超越性别的框架，铺排出大气而利落的线条格局，以及内蕴细腻而柔致的余韵。

P036 P066 詹亚珊

细腻的设计手法搭配灵活的建材运用，注重风水概念对居住环境的影响，在让居住者感到最舒适的前提下，为业主打造最完美的居家环境。

P044 吴衍霖 许秀娜

设计是为呈现更美好的生活空间与方式，创造并寻找出每个人与空间互动中独一无二的特质。

P052 黄子绮

倾听客户的需求与看法，兼顾设计美学与空间功能的平衡，利用空间及灯光变化，实现客户梦中的温馨城堡。

P056 邱伊娴

以时尚为主轴，时尚就是品位，品位来自于生活的体验，是精神层次的幸福表现。追求质感，即是追求卓越，是一种生活哲学的表征。

P074 黄维哲

设计的目的就是在创造完美，即创造最美的效益。设计能留存下来，因为它是艺术，它超越实用性。

P078 叶锡正

以创造完美居家的基本概念为原则，针对客户需求全面考量，让整体空间更精彩，达到轻松享乐生活的最高标准，感受真正的品位住宅。

P084 王圣文

以顾客的想法为设计出发点，创造美观又不失实用的居住与商业空间，无论是简约平实的素雅风格，还是华丽时尚的现代意念，都能让房主感受到纯粹属于自己的桃花源。

P092 杨书林

从居住空间、商业空间、视觉艺术到广告企划，多元跨界的设计团队能够为客户构思兼顾功能与美感的独特空间设计，希望每一位客户都能够骄傲地向朋友介绍：这是属于我的独一无二的家。

P096 柯靖滢

多一份关心，多一份细心，多一份用心。真实感受业主的需求，结合空间美学及艺术品位，落实专属于每位业主理想的生活空间。

P100 杨诗韵&卓宏洋

极重视与业主的双向激荡，站在业主的角度思考，平衡设计中的理性与感性，让设计作品超越性别的框架，强调空间设计并非仅仅是外在的形式之美，而是人、空间、建筑三方之间的完美整合。

P106 陈子寓

设身处地站在居住者的角度思考，让设计创造出家居生活的美感，以巧手规划业主喜爱的风格，用热情妆点空间色系，真正赋予空间生命力。
我们的目标，是让"家"不只是遮风避雨的屋檐，更是当业主身处其中，每一次呼吸、每一道光线，都能感到放松舒适的亲密空间，是属于业主独一无二的安心堡垒。

P112 简伯谚

经历：16年从业经验，设计项目包括新房、旧房改造等。
设计强项：住宅、别墅。
设计风格：都市时尚、现代极简、古典华丽、北欧风情、美式乡村。

P116 赖义鹏

经历：拥有近10年的工作经验，参与近百个住宅、别墅、餐厅与企业空间的设计规划。
设计强项：别墅、住宅、商业空间、办公空间、空间艺术装饰搭配。
设计风格：都市时尚、现代极简、个性居家、人文禅风、古典优雅。

P120 林志强

经历：从事建筑及室内设计约20年时间，对于商业空间与办公空间的设计有着丰富的设计经验，同时也擅长豪宅及大空间住宅的规划与施工。
设计强项：商业空间、办公空间、大空间住宅、别墅、接待中心。
设计风格：都市时尚、现代简约、自然人文。

P131 许天贵 李文心

经历：连续三年获得台湾地区室内设计住宅类TID奖，世界第三大豪华游艇公司（台湾地区第一大游艇公司：嘉鸿游艇集团）亿元等级游艇室内设计顾问。
设计强项：别墅、旧房翻新、一般住宅、商业空间、建筑规划。
设计风格：个性居家、现代极简、低调奢华。

P137 唐忠汉

以室内建筑的概念、流动的空气、过滤的光线、宁静的音律、宜人的温度，营造诗意的空间。

P143 詹芳玫

经历：毕业于日本东京设计学院。
设计强项：品味住宅、设计装修、旧房翻新、完整性的整合、家饰布置。
设计风格：新古典、时尚简约、日式禅风、混搭风。

目录

1

禾洋设计团队·设计师 谢秋贵

山茶花·绽放一室奢华芬芳

　　山茶花，既拥有玫瑰的绽放层次，又多了份清冽雅致的诗意，常被用在时尚精品的设计中。延续禾洋设计团队一贯的新古典精品风格，本案例中，奢华不只是装饰上的大鸣大放，而是在遍布空间的朵朵银色山茶花中，传递一份华贵内敛的气度，优雅且舒适。

1.玄关：山茶花绽放在利落线性的切割大理石地面，黑镜、银色的线板雕花与端景银器质感的纹理壁纸显露雍容华贵的气质。
2.客厅：纳入轻奢华的淡金色调，透过蕾丝纱帘的轻柔日光与带有生活暖度的照明色温，让奢华的高雅气质更贴近真实。

坐落位置	新北市·林口区
空间面积	182m²
格局规划	玄关、衣帽间、储藏室、客厅、餐厅、书房、厨房、主卧室、更衣间、主卧卫浴、男孩房、女孩房、客用卫浴、工作阳台、佣人房
主要建材	石材、烤漆玻、钻雕玻璃、绷皮水钻、造型板、马赛克、壁布

2

山茶花在玄关地面的中心初绽，而后散布于以银色线板搭配白色经典的空间中。客厅迎宾的奢华体现在金色线条中，镜面衬托大片山茶花纹样雕饰板，在沙发背景墙两侧安静地铺叙空间主景；顺应当代时尚的选色，古典线条的家具在黑、金、银三色之间展现典雅的曲线与细腻的装饰，为空间的精致添色不少。整个空间，如餐厅、主卧等皆延续这份高雅的气质铺陈。

1.**沙发背景墙**：银色线板框住镜面衬底的山茶花饰板，在银色古典图案壁纸的两侧，以古典对称手法丰富着沙发背景墙的奢华层次。

2.**电视主墙**：依据沙发视线定位电视机柜位置，右侧钻雕玻璃与石材台面，不仅是美丽的景致，更切换出主墙的对称视觉。

3.**书房**：拥有自然采光的阅读空间，以古典对开格子门为动线，是兼顾安静阅读与采光串联的设计思考。

4.**餐厅**：与客厅无实质的隔断，通过空的造型与动线转折分隔出客、餐厅的关系，其位于格局的中心位置，开放式设计与书房共享采光。

5.**主卧室**：将梁下空间规划为收纳，柔软绷布床头与温暖色调的床头板，营造舒适、优雅的氛围。

三宅一秀空间创艺有限公司·设计师 郁琇琇

新古典富贵·摩登时尚亮丽

　　因为女主人本身对房子的需求很有概念，因此与设计师讨论时可深入到小细节，让整体规划可以符合房主的期待。

　　为了满足生活品位所需的功能，厨房里的基本配备应有尽有，此外还设置红酒柜及顶级咖啡机，让喜欢红酒以及爱喝咖啡的夫妇俩，除了品尝美食以外，也能尽情享受美酒与咖啡。

　　厨房与餐厅之间的中岛，是两个空间里可以彼此互动的平台，金属造型的橱柜，既有收纳功能，又可呼应客厅的后墙，且大理石台面上可以更换展示房主从国外旅游带回来的艺术品，在富贵亮丽又摩登时尚的餐厅与朋友聚餐时，有更多话题可以交流。

　　为使新古典格调的风格不至于太富丽堂皇，仅技巧性地使用材质点缀空间，以丰富视觉效果，这样既能维持空间的整体性——舒适温暖，又具有时尚美感。

坐落地点 | 台北·三峡
设计面积 | 200m²
格局规划 | 玄关、起居间、客厅、餐厅、厨房、卧室×4、卫浴×2
主要建材 | 胡桃木木皮、锻造造型金属、烤漆玻璃、茶镜、马赛克、大理石

沙发后墙锻造造型金属与茶镜的双层隔间是设计师亲自设计，请师傅手工制作出独一无二的线条，勾勒出新古典风格的软调氛围。

1.餐厅与厨房之间的中岛，是厨房跟餐厅的人彼此互动的平台，设计喷砂图腾玻璃，既美观又有透视性；新古典式水晶灯富贵亮丽，营造温馨用餐气氛。

2.客厅跟餐厅之间采用开放式设计，选用圆形餐桌较不受限于用餐人数，也可有团圆之意。搭配大理石台面的矮柜及镜框、镜子皆量身定制的。

3.起居间设置玄关柜，金色造型壁面旁的门推进去以后就是一间佛堂。

4.白橡木皮的电视柜及衣柜，线条利落。

5.床边是卫浴室的暗门，由于原格局的更衣室空间有限，因此规划衣柜并内藏穿衣镜，能满足收纳需求且方便实用。

6.床头主墙的木框喷银并贴上壁纸，以呼应窗帘的色系，精选壁灯款式，且窗边的梳妆台配置高度尺寸吻合的梳妆镜，维持空间一贯的完整度。

7.主卧室采光良好，因位处高楼层，还可远眺宜人景观，房内每个墙面都加以修饰，整体空间让人感觉十分舒适。

1

2

成晟室内装修设计 · 设计师 李兆亨

极致黑白 · 轻舞现代奢华

坐落位置 | 高雄
空间面积 | 182m²
格局规划 | 玄关、客厅、餐厅、厨房、书房、卧室×3、卫浴
主要建材 | 胡桃木染白、帝诺石材、明镜、黑镜

3

　　不受限于传统的风格框架，成晟设计以居住本质为起点，结合美学和家具搭配概念，让空间同时拥有现代与古典的迷人风貌。从视觉及触觉的细致感着手，在室内运用简单的色彩和材质，并融合细腻工法和务实的贴心功能，让空间摆脱了奢美的表象，同时体现豪宅风华，创造出符合高端居家的质感品位。

　　1.客厅：优雅勾边的沙发造型，搭配一深一浅的软件点缀，注入隽永的名家品位。
　　2.书房：由玻璃强化内外空间的通透感，书房内只要加装卷帘，日后即可转为客房使用。
　　3.客厅：以半穿透结合全开放式手法，串联客厅、餐厨、书房空间，使室内产生放大效果。

以黑白元素贯穿全室，体现高雅和奢华并存的空间表情。为放大室内空间，以半穿透结合全开放式手法，串联客厅、餐厨、书房，体验豪宅级视觉享受。设计方面利用经典黑白色，在公共区域营造奢华氛围，建材和造型设计则荟萃古典及现代美学，并通过家饰注入隽永的名家品位。卧室则使用淡雅舒适的色彩，并配以理想的收纳设计，整个空间由内到外莫不细腻臻至。

1.**餐厨**：餐厨区域采用开放式设计，提升了空间的视觉感受；单纯对比色的厨具，则营造简约生活美学。

2.**卫浴**：加宽的镜面及洗手台，不但使用更方便，也创造出饭店式的大器质感。

3.**主卧室**：承袭黑白经典的色系，加入床头板及对称灯饰，柔化睡眠氛围。

4.**次卧室**：简单清爽的次卧室，以造型层板增添立面变化。

5.**更衣室**：考虑日后衣物的收纳，规划更衣室及梳妆台，满足房主的需求。

1

阿曼空间设计·设计师 王光宇

家族共享·低调奢华度假宅

　　房主不喜欢房子原来的装修，同时又希望在过节时让4个归国子女能在新房内团聚。设计师在极度紧张的时间内，只是仅仅打通了客厅与餐厅间的实墙，就让这处拥有超优采光的豪宅更显宽敞，并以"利用简单的材料转换，创造高规格的精品生活"的基础概念，镏铢于细节处，打造出本案内敛奢华的生活氛围。

坐落位置 | 台中
空间面积 | 165m²
格局规划 | 玄关，客厅，餐厅，厨房，卧室×3
主要建材 | 洞石、石材、木作烤漆、镭射雕刻玻璃、贝壳马赛克、皮革、壁纸

1.**客厅**：拆除给空间带来压迫感的实墙后，瞬间有了明朗的视野，更呼应本身"豪宅"的气度。
2.**装饰细节**：白色的天花板以编织图案的饰板打底，呼应沙发经典的拉扣造型，小细节也为空间增加精品质感。

1

2

将古典奢华的精品概念，融入现代利落的线条中，是本案的风格重心。电视主墙以带有人文风格的洞石进行铺陈；客、餐厅之间的梁体以时尚黑镜装饰，并作为客、餐厅之间的区域界定，同时化解了梁体的厚重感，在简单、开放的格局中，创造细腻的装饰层次。而原来的装潢中，充斥着甲醛刺鼻味的隔断与柜体，设计师都以健康无毒的板材取代，作为空间的隔断与收纳，在美感中兼顾着健康的生活质量。

1.灯饰选配：以古典对称元素规划的餐厅墙面，闪耀着璀璨光芒的水晶灯，在镜面的映射下呈现动人的名家风采。

2.廊道：通往主卧室与两间女儿房的动线整合在廊道上。

3.女儿房：在不宽敞的格局中置入完整的卧室功能，将衣柜设计为"巴士门"的横向开合方式，让门板在关闭时变成完整的立面造型。

4.主卧室：镜面黑檀木主墙，呼应原有的红紫檀地面，搭配绷皮拉扣床头板，使夫妻二人的卧眠区显得尤为优雅、温暖。

5.女儿房二：同样是古典造型的床组，改以高贵的紫色作为颜色基底；床头的窗户以同色系的窗帘做遮挡，保留调整采光的灵活弹性。

远喆室内设计·设计师 黄琪玲

低调奢华·编织家的梦幻国度

　　设计师从精湛的美学视角出发，为三口之家营造出一处气势轩昂的宅邸。大尺度的开阔感，新古典的况味，编织出房主理想的梦幻氛围。进入玄关，地面采用金香玉与棕色大理石展现气韵风华，旁边则使用罗马立柱与端景装置来增添欧式韵味，体现房主的独到品位。

坐落位置 | 新竹市
空间面积 | 165m²
格局规划 | 客厅、餐厅、厨房、书房、主卧室、女孩房
主要建材 | 大理石、锻造铁艺、灰镜、灰玻、柚木地板、胡桃木、白橡木、烤漆、壁纸

1

2

3

1.**古典韵味**：在客厅的设计上，加入房主的风格喜好，以古典图案壁纸进行装饰，让美感围绕每个角落。

2.**玄关区**：进门就能感受到设计的精彩，端景墙以壁纸与圆形艺术品呈现，地面则采用金香玉与棕色大理石铺设，上方的线板层层堆叠更展现气韵风华。

3.**华美与大气**：餐厅是家人围聚的空间，在这里，将新古典风格展现得淋漓尽致，瓷器展示柜两侧有对应的罗马柱包围，铺述华美与大气。

4.**餐厅**：开放式空间让宾客视觉开阔，餐厅上方的璀璨吊灯更与造型优美的威尼斯镜相呼应，呈现出一种宫廷式的尊贵意象。

5.**乡村新古典**：床头立面使用小碎花壁纸进行装饰，展现乡村新古典的况味，床头背板则以法式精致绷布来呈现。

6.**主卧室**：主卧空间展现奢华古典况味，设计师特别营造出浓淡适中的卧眠氛围，并以华丽的立体线板呈现幸福的味道。

依循动线，首先来到餐厨区，其开放式的空间设计让宾客视觉开阔，餐厅上方的璀璨吊灯更与造型优美的威尼斯镜相呼应，呈现出宫廷式的尊贵意象。转入客厅，将美感与细腻度合二为一，设计师参酌房主的喜好，以古典图案壁纸围绕于每个角落；而电视墙立面与机柜则采用大理石营造出大气与尊贵的氛围。

日光印象·微奢时尚

坐落位置 | 桃园市
空间面积 | 165m²
格局规划 | 客厅、餐厅、厨房、书房、主卧室、男孩房×2、卫浴×2
主要建材 | 大理石、木皮、组合柜、壁纸

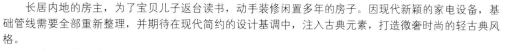

长居内地的房主，为了宝贝儿子返台读书，动手装修闲置多年的房子。因现代新颖的家电设备，基础管线需要全部重新整理，并期待在现代简约的设计基调中，注入古典元素，打造微奢时尚的轻古典风格。

设计师在进门端景处，结合镂刻造型雕花板、灰镜与照明，聚集区域焦点，并封闭原鞋柜的穿透性，进而衍生出玄关动线意象及完整的餐厅格局。循着天花线板线条来到向阳处的客厅与书房，帝诺大理石电视墙内嵌线条简约的木作机柜，由石材纹理内敛表现设计层次，上方留白处则采用透光茶玻璃拉长区域视感。

原为两室规划的房型，因成员需求调整部分格局。主卧室维持大空间的方正敞朗，灰藕色的方格绷布床头墙，以灰镜与双层木框精致描边。将大男孩房的卫浴移至过道作为储藏与收纳，活动式抽拉桌板的书桌设计，增强了书桌的使用弹性，并保持动线流畅；年纪尚幼的小男孩房中，则赋予芥末黄色彩与树枝意象层板，打造活泼缤纷的孩房印象。

1.视野延伸：透过电视墙上方的茶玻璃，视野可延伸至后方书房墙面。
2.进门端景：结合镂刻雕花板、灰镜与照明的造型端景，塑造玄关意象。

1.**天花造型**：天花线板沿着洒水头位置游走，巧妙化解设备视角并美化空间。
2.**材质呼应**：为了与电视墙相呼应，设计师选择同一种材质延续纹理之美。
3.**书房**：利用白色门板的比例配置，变化大型书柜的整体造型。
4.**穿透视野**：以茶玻璃代替墙体，延伸视野。
5.**主卧室**：灰藕色床头绷布墙面周围，以灰镜与双层木框描边，呈现主卧室精致而轻奢的质感。
6.**用色缤纷**：白色柜子上跳接芥末黄门板设计，打造愉悦、缤纷的柜体线条。

尚宇室内装修设计有限公司·设计师 曾裕芳

传统与现代融合华丽迎宾宅

　　如何将传统文化与现代居住风格相融合，并取得两者之间的平衡，一直是室内设计师需面对的课题。本案设计师利用大面的柜体配置，界定出独立的玄关功能，不仅在窗边安排舒适的穿鞋椅，同时在地面铺饰美丽的大理石滚边，营造华丽的迎宾气度。

　　与鞋柜双面规划的另一方，设计师改以简约干净的雪白银狐大理石铺面，并将房主要求的大尺寸神明桌，整合电视墙规划于同一立面上，上下留白的轻盈手法，加上神明桌案处手工雕琢的原木经文木雕，以艺术装置样貌融合传统与现代。在可用空间有限的前提下，设计师将阅读、上网功能整合至餐厅内，仅需反转餐椅座向即可成就书房功能，公共空间内，细微拿捏1:3的黑白配色比例，扩充生活尺度。

　　呼应紧邻保护区的山林绿景，主卧室采用大地色系进行铺陈，并沿着墙面装饰木纹造型壁纸；更衣室、主卫浴、储藏室与化妆台功能，皆隐藏在细浅切割线条的门板后方。三间小孩房中，小女儿房的面积最小，但不仅有遮掩穿堂煞的造型屏风，还拥有梳妆、收纳及卧床等完整配备，充分展示了设计师整合功能的设计功力。

坐落位置 | 台北市·内湖区
格局规划 | 4室2厅
主要建材 | 大理石、低甲醛木地板、木皮、木作、绷布

功能整合： 设计师将电视墙与神明桌功能整合于同一立面上，实现传统与现代融合的构想。

1.**玄关地面**：造型大理石滚边铺陈华丽的迎宾气度。

2.**客厅**：扩大窗面迎入更多绿景，让自然光照点缀生活风景。

3.**配色比例**：1:3的黑白配比，由颜色的放大特性拉大区域格局。

4.**餐厅&书房**：设计师整合餐厅与书房功能，创造空间使用的最大功效。

5.**玄关**：深色木皮打造的双面柜界定出独立的玄关功能。

6.**主卧室**：灰色系铺陈的主卧室中，将卧眠外的功能藏于壁面线条内。

易向室内设计·设计师 黄瑞楹

质感入室·铺叙大宅光感奢华

坐落位置 | 新北市
空间面积 | 297m²
格局规划 | 玄关、客厅、餐厅、厨房、书房、主卧室、次卧室、客房、卫浴×3
主要建材 | 金镶玉大理石、黑云石大理石、雪白银狐大理石、茶镜、黑镜、黑
烤玻、特殊雕花板、烤漆、冰裂玻璃、夹砂玻璃、特殊定制裱布、
威尼斯镜

　　黑白双色拼花大理石,以名牌logo线条铺饰名邸气势;深色皮革
对称列于端景特殊雕花板两侧,在水晶壁灯的光芒闪烁中,定义大宅
晶灿奢华。除了墙侧内嵌鞋柜外,设计师还在进入内室的门斗处隐藏
衣帽柜,既简化功能线条又突显材质之美。

　　延续玄关端景墙的设计精彩,设计师在餐厅主墙立面切割三种镜
面,烘托出中央装饰镜的慑人气势,并在周围饰以艺术画框妆点餐厅
艺术质感氛围;而长形造型灯具与圆形餐桌的选搭,则是在美感考虑
外,破解梁体轴心偏移的修正手法。保留客厅原有的宽度,结合雪白
银狐大理石与冰裂玻璃铺陈电视墙气势与穿透感,而沙发背景墙则采
用进口壁纸与造型线板与之相呼应,并将主卧室入口隐藏规划于右边
墙面内。

　　设计师对气质奢华的定义在主卧室中有了最完美的诠释,兼具古
典美与设计感的定制家具,搭配威尼斯镜的奢华感,铺陈一室的精质
美韵。另外,为增强次卧室的行进动线,设计师将部分墙面向后推,
打造与书房共享的双面柜,并根据不同房间的格局挑选主题壁布,在
柔和的床头照明中闪动微光,映衬光感奢华。

客厅: 设计师保留电视墙的尺度,结合石材与玻璃,在
虚实交错间营造出朗朗气势。

1.**玄关**：双色大理石拼花地面与质感端景墙，开启大宅奢华气质。
2.**延伸视野**：通透的视野延伸，可将窗外的群山美景尽揽入室。
3.**沙发背景墙**：对称列于主墙两侧的造型墙面，隐藏通往主卧室的门板。

1.**日光敞亮**：落地窗外的日光穿透玻璃连接书房窗光，呈现一室的日光敞亮。
2.**餐厅**：长形灯具与圆形餐桌，破解梁体轴心偏移的区域比例问题。
3.**餐厅主墙**：结合三种镜面与装饰镜，以艺术画框营造质感氛围。

1.**主卧室**：巧克力砖造型的绷布床头墙、紫色绒布拉扣的床边椅等，兼具古典美与设计感的定制家具，铺陈一室的精致美韵。

2.**书房**：采用墙面浮雕与玻璃喷砂技法，简约中表现图案之美。

3.**次卧室**：为增强动线流畅度，设计师将墙面后推，并让衣柜与书房双面使用。

4.**小孩房**：进口壁布在床头照明微光闪动中，映照出小空间的光感奢华。

5.**客房**：小格局中依旧具备完整功能，且时尚、温馨。

康迪设计 · 设计师 詹亚珊

璀璨气度 · 低调奢华美宅

幸福涵盖在美学与品位的环境之中，本案中设计师创造整体空间，让使用者产生对美好生活的想象，并通过量身打造的环境，让返家的心灵获得最佳慰藉。

坐落位置 | 新北市 · 三峡
空间面积 | 264m²
格局规划 | 客厅、餐厅、厨房、主卧室、男孩房、女孩房、书房
主要建材 | 大理石、皮革、木皮、银箔、烤玻、灰镜、灰玻

本案位于新北市三峡，为五口之家的幸福家庭，设计师精心配置264m²宅邸的功能，结合定制家具的细腻质感，让房主推开每扇门，都能拥有不同的视觉感受。得当的空间配置，让成员对家多了一份归属感，通过材质的运用及设计元素的铺陈，使人与空间的情感传递到每个角落。进入宅邸，银箔的端景墙面及柜面呈现璀璨意象，而图案拼色的大理石地面，则呼应玄关上方的水晶镜画灯，让人进门就能感受到傲人气势。

1.视觉惊喜：得当的空间配置，让成员对家多了一份归属感，结合定制家具的细腻质感，让房主推开每扇门，都能拥有不同的视觉感受。
2.玄关：银箔端景墙、黑色烤玻与黑镜立面呈现璀璨意象，而大理石地面则与水晶镜画灯相得益彰。
3.电视墙：大理石电视墙搭配黑色烤漆玻璃机柜，增添了区域的奢华质感。
4.电视主墙：使用清玻璃及木作展示柜将沙发与书房划分开，其上方的珍品收藏体现出艺术之美与人文涵养的相互交织。

大面积的辉煌客厅，拥有宽阔的空间并配置双沙发组，其傲人气势赋予了大宅鲜明的个性；大理石电视墙搭配黑色烤漆玻璃机柜，更增添了区域的奢华感。设计师特别为房主量身定制纯手工拉扣沙发，其讲究的工法及制造的独特性，更显弥足珍贵。

　　为呈现视觉开放感及使用上的功能性，利用清玻璃及木作展示柜来划分不同的区域，柜中则放置房主的珍品收藏，让艺术之美与人文涵养相互交织，营造公共空间的独有氛围。值得一提的是，沙发背景墙的挂画处，同时也是背面书房的书柜，一体两用的功能性，细腻实用又相当美观。

1.**餐厅**：让家族两代人都拥有愉快的餐叙空间，并以山茶花图案的喷砂玻璃拉门阻止厨房油烟溢散。
2.**设计美感**：整体空间让使用者产生对美好生活的想象，通过材质的运用及设计元素的铺陈，使人与空间的情感传递到每个角落。
3.**书房**：沙发背景墙的挂画后方是书房的书柜，一体两用的功能，细腻又兼具美感。

1

2

　　建构情感相融的开放式餐厅，让两代人都拥有愉快的餐叙空间，旁边设置了房主喜爱的品酒空间，以展示酒柜放置收藏的美酒。考虑到房主常做饭的生活需求，厨房与餐厅间以山茶花图案的喷砂玻璃拉门来阻止油烟溢散，同时也能兼具视觉美感。

　　本案设计师用心雕琢满足房主的需求，创造出无与伦比的脱俗典雅。进入主卧室，紫色绒布的床头板呈现奢华与内敛质感，外部镜面框更展现恢宏气派的风格。另外，主卧床头柜、收纳柜与化妆桌等的立面，均使用手工弧形浪板，堪称新时代的风格臻品。

1.**男孩房**：皮革质感的床头背板搭配花卉喷砂玻璃，展现男孩个人特色，活跃了区域氛围。
2.**女孩房**：上下睡铺的设计，符合两个女孩卧眠的需求，并设置了一处卧榻区，可在此聊天、阅读。
3.**主卧室**：主卧床头柜、收纳柜与化妆桌等的立面，使用手工弧形浪板创造出无与伦比的脱俗典雅。
4.**恢宏气派**：紫色绒布的床头板呈现奢华感，外部镜面框更展现恢宏气派。

常玉国际设计工程有限公司·设计师 吴衍霖 许秀娜

新古典入宅·刻画奢美人生

日光穿透，地面上留下镭射不锈钢切割线条的纹理，在长型玄关内缭绕出华美繁复的新古典线条，循着光谱引导向内迈入，隔屏内的居家场景隐约可见，揭开一场结合石材、镜面、线板构筑的三代同堂新古典生活的序幕。

坐落位置 | 新北市·新庄区
空间面积 | 284m²
格局规划 | 玄关、客厅、餐厅、厨房、书房、长辈房、主卧室、小孩房、卫浴×3、更衣室×2
主要建材 | 石材、镭射不锈钢切割、进口壁纸、水晶壁板、黑镜口电子壁炉、水波纹地砖

从界定内外区域的玄关进入室内，落地窗外光线涌入，同时照亮在水平动线的客厅、餐厅与厨房，而客厅后方的书房也在墙面的取舍后，让空间有了宽敞明亮的质感清朗。对比复合线板堆砌的新古典框架，设计师在电视墙处选择以黑云石大理石跳出色彩层次，而菱形网格线条内镶饰水钻的对称收纳柜，则在黑白对比的沉稳气度中，低调点缀奢美亮点。

越过梁体分界的后方书房，设计师除了在天花板局部以灰镜修饰梁体外，也在沿墙规划的大面书柜内衬茶镜底墙，让空间更见轻盈；而贴饰于层架隔板上的灰镜饰条，则错落出丰富的柜面风景，进而消弭庞大的量体感，通过视野的连贯延伸，与客厅塑造段而不断的区域串联性。

1.**造型主景**：位于水平轴线上的客、餐厅，各拥有独立的造型主景。
2.**公共空间**：客厅、餐厅、厨房与书房，共同沐浴在同一片日光灿烂中。
3.**客厅**：对比黑云石大理石墙面的色彩，设计师在两侧规划镶饰水钻的造型门板，呈现低调奢华。

3

开放式规划的公共空间，设计师利用梁体划分出独立的功能区域，造型天花板延伸至进口壁布立面，在两侧照明与艺术壁饰的衬托下，塑造廊道美丽端景，与完美的空间转场衔接。依循新古典对称比例原则，餐厅主墙两侧的数组对称柜突显中心墙面主体气势；新古典线条的灯具、餐桌椅与威尼斯镜，营造用餐时刻奢华氛围。

三代同堂的居家配置中，设计师为长辈贴心规划双主卧使用需求，香槟金绷布床头内缀以水钻拉扣，两侧运用镭射发光壁纸，在稳重的华丽感中增添空间活泼性；而独立配置的长型更衣室内，独悬一盏华美水晶吊灯，增添质感光芒。

1.餐厅：新古典线条家具与威尼斯镜，营造用餐时刻奢华氛围。
2.日光通透：位于水平动线的客、餐厅，通过视线与流畅动线增添区域互动。
3.书房：镜面元素消弭展示柜量体，同时也丰富立面端景。

　　在男女主人使用的主卧室，顺应采光极佳的室内条件，设计师以黑白色铺叙低调奢华，床头墙选择立体绒布增添质感，两旁再衬以竖纹壁纸呼应电视墙面设计，并在两侧对称的墙面上装饰亮面马赛克，与亮紫色绒布单椅，呈现奢美质感。

　　暖灰色系铺陈的小孩房以书籍收纳为主要概念，书桌上方的切割线条内具有实质的收纳功能，设计师沿着书桌线条向下转折规划窗边卧榻休憩区，一体成型的延伸线条化解空间零碎感，营造干净简约的小孩房。

1.小孩房：暖灰色系的小孩房中以阅读功能为主要考虑，将零碎线条收于一体成型规划的书桌与卧榻。
2.长辈房：设计师在床头香槟金绷布上饰以水钻拉扣，两旁衬以镭射发光壁纸，混搭沉稳与活泼风格。
3.柜体线条：依照收纳物品配置的切割造型，活泼柜面线条。
4.5.主卧室：日光敞亮中，以黑白色呈现沉稳质感与时尚品位。
6.更衣室：延续主卧室绒布立体绷布于更衣室内，塑造现代奢华感。

存果空间设计·主持设计师 黄子绮

伞状宅设计 · 低调奢华美学

新竹的艺术园区，布满绿意的优美环境，让夫妻俩决定在此处与孩子共筑新的幸福家园，尤其是特殊的"伞状"结构，经过黄子绮设计师的美化，成为家人的专属观景区。

一进门所感受到的通透视野，来自全开放式的公共空间，客厅顺应房主不希望进门就看到电视的要求，运用雕花玻璃结合轨道设计，让电视柜门板能够平移遮挡电视，关起时的视觉完整性令人忽略电视柜的存在。

步入景观过道，设计师将面向宽阔风景的优势发挥得淋漓尽致。除了是通往私人空间的过道，评估宽度后，还增加了弧形走廊的休闲功能，结合现代感的小吧台，夫妻俩与小朋友可以在此轻松用餐、聊天，高楼景色成为最美好的衬托。

私人区域以起居室为开端，红色化为装饰色彩点亮空间，为了满足一家三口的使用习惯，隔出和室让小朋友有更多的游戏区域，也可作为招待朋友留宿的客房。主卧室设计，以床头为重心，床尾留白简单化，温馨素雅的配色，让房主在休息时能彻底放松。

坐落位置 | 新竹市
空间面积 | 198m²
格局规划 | 玄关、客厅、餐厅、景观过道、起居室、和室、主卧室、男孩房、储藏室、洗衣间、卫浴*2
主要建材 | 黑玻璃、图案烤漆玻璃、波龙地毯、壁纸、造型板

1

2

3 4

1. **餐厅**：贴近生活习惯动线，将餐厅与厨房合并，并采用开放式规划，家人用餐时既便利又省时。

2. **观景廊道**：连接公私区域的弧形过道，搭配现代感的小吧台，增加过渡区的休闲功能。

3. **玄关**：善用角度与镜面特性，架空斜角区块作为展示台，镜射的花瓶端景成为特殊开场。

4. **起居室&和室**：起居室旁增加和室空间，可作为小朋友的游戏区或客房使用。

5. **主卧室**：在临窗处规划卧榻，可一边赏景一边阅读喜爱的书籍。

6. **主卧电视墙**：电视柜门板可灵活将电视隐藏，化妆台则藏于右侧拉门内。

7. **卫浴**：特殊瓷砖成为卫浴焦点，向两端延伸镜柜，提供充足的收纳空间。

微奢主义·名品居

　　雕花设计串联一室的耀眼华丽，巴洛韵设计以精良的工艺美学，跳脱常见的豪邸风格，将精品诉求的一种精致与品位呈现其中，更通过呼应居住者本质的设计元素，在开放、流畅的动线串联间，体现对于隽永生活的独特见解。家具及软件配置更见其用心，定制家具完全契合主轴的质量感，从沙发精细的雕刻纹路，不难发现其工艺的讲究。由经验十足的师傅手工雕刻、贴箔，呼应了亲自绘图、现场手工钉入铆钉的瑰丽背景，设计的精彩可以说俯拾皆是。

　　主卧室又是另一处微奢亮点，除了延续定制家具元素，连同房间内的把手和配件，都因为不放过任何细微末节得质感要求，而散发出一股恬静、优雅的古典美。另外，考虑到华丽水晶灯的利落折射，细心地以饰有黑色蕾丝的台灯来柔化，不但点缀出床头造型应有的分量，也对称地映照出恰到好处的奢美之感。

坐落位置 | 桃园
空间面积 | 132m²
格局规划 | 玄关、客厅、开放式书房、餐厅、厨房、卧室×3、卫浴×2
主要建材 | 黑云石、烤漆、线板、雕花镂空板、灰姑娘大理石、进口壁
　　　　　　布、定制家具

屏风：玄关对于住宅主人的"贵人运"影响深远，因此尽量维持明亮大器的视野；同时选择通透又华丽的雕花镂空屏风，使区域界定更为明确，塑造玄关、客厅的完整氛围。

1.**墙面风格**：将精品讲究的限量概念，延伸到"唯一"的奢华享受。设计师亲自绘图设计，在现场以手工钉入铆钉，极为费时的过程，只为完成这一处独一无二的瑰丽背景。

2.**家具配置**：以一系列的定制家具，让雕花设计串联一室的耀眼华丽，尤其由师傅手工雕刻的纹路、细腻贴箔和曲线美感，不难发现工艺面的讲究。

3.**餐厅**：以茶镜延伸配以喷砂图案，隐藏通往私人空间过道的入口，使动线有了主客之别。

4.**天花板**：室内存在棘手的大梁，设计师以天花板的古典意象巧妙纳入。多方思考不让柜体迁就其高度而牺牲收纳量，改为在弧形设定转角柜，既消弭梁下压迫又增加展示风景。

5.**主卧室**：承袭新古典的浪漫奢美，华丽的床头板呼应客厅定制家具，充分表达精品质感。

6.**次卧室**：追随检视现成家具调性，精心选择绒质面的壁纸，白色衣橱上投以光照，用简单的几笔就衬托出空间品位。

成晟室内装修设计工程有限公司·设计师 李兆亨

优雅内敛·诠释低调奢华

以精辟独到的美学感知，铺述空间的丰富神采，设计师依循客户的需求，在充分沟通与规划下，以"优雅内敛"的设计元素诠释本案奢华气度。玄关处通过拼色的地面石材，划分出完整的区域；左侧鞋柜以深色木皮为柜面，石材与镜面做搭配，并设计开放的展示台面，让每个细节都值得一一品味。

成晟设计为本案搭配多变灵活的异材质，试图在风格、功能配置及生活习惯三者之间，找寻最完美的平衡。客厅运用线与面的大尺度处理，营造开放的视野角度，并采用大面的金贝莎石材与镀钛线板框来铺陈电视墙，呈现大器利落的当代风格。客厅与书房交界处以优美的曲线铁艺结合灰玻代替实墙的方式，呈现绝佳的视觉穿透感。

丰富神采：设计师搭配多变灵活的异材质，试图在风格、功能配置及生活习惯三者之间，找寻最完美的平衡。

坐落位置│高雄市・前金区
空间面积│158m²
格局规划│客厅、餐厅、书房、主卧室、男孩房、女孩房、卫浴×2
主要建材│金贝莎大理石、灰网石大理石、KD木皮板、皮革、裱布、壁纸、铁艺、黑镜、镀钛线板

　　开放式的餐厨空间,以优美的壁纸主墙、线板与灯具,细细堆叠出浪漫迷人的古典元素,后方端景墙也镶嵌画作,营造出华美贵气的氛围。主卧室的设计同样精致且经典,床头主墙使用木作镭射切割与喷砂玻璃材质,并利用梁下深度打上灯光,提升视觉材质间的层次对比。

1.**客厅**:开放视野的客厅具备优越的大尺度,电视墙采用金贝莎与镀钛线板框来呈现大器风格。
2.**视觉穿透**:客厅与书房交界处不用实墙,改以曲线铁艺与灰玻相结合,表现视觉穿透的感官。
3.**餐厨空间**:餐厨空间堆叠浪漫古典元素,后方端景墙镶嵌大面画作,营造华美贵气。
4.**餐厅**:设计师使用古典意象的壁纸作为主墙,天花板则以线性黑白对比曲线延伸空间景深。

1.**书房**：大面书柜以秋海棠木与镜面构组，在此可以吟咏文艺气韵，窗下的卧榻设计则是房主休憩之处。

2.**更衣室**：设计师在人造石衣柜底板打上灯光，营造仿佛来到精品商店的感觉。

3.**主卧室**：床头主墙使用木作雷射切割与喷砂玻璃，并利用梁下深度打上灯光，提升视觉上的层次对比。

4.**男孩房**：依照实际需求以精辟独到的美学感知，铺述男孩房的空间。

5.**女孩房**：床头背板的跳色带来视觉上的惊艳，墙面则以绌皮缀上水钻洋溢浪漫情怀。

奢华与简约的时尚融合

理想家的实现，除了委由信任的设计师亲自操刀规划外，最能熨贴内心渴望并付诸实现的方法，就是亲身参与设计与执行。康迪设计特别邀请长居新西兰学习建筑的房主儿子参与设计，结合天马行空的创意与实际执行面的考虑，融合奢华与极简的冲突概念，打造风格独具的品位空间。

洞石纹理如波浪般在电视墙面韵律起伏，在光束照明下形成简洁有力的风化痕迹；通过天花板与地板下的管线游走，功能完备的视听器材收于镶嵌黑玻饰条的墙面内。越过薄石板修饰的梁体分界，客厅后方独立出收纳珍品的展示艺廊，清玻饰底的穿透设计，让目光除了聚焦于银箔与照明烘托出的艺术品外，可直抵后方书房，延伸区域视野。

坐落位置 ┃ 台北市
空间面积 ┃ 165m²
格局规划 ┃ 玄关、客厅、餐厅、厨房、休闲室、主卧室、男孩房、更衣室、卫浴×3、储藏室
主要建材 ┃ 洞石、薄石板、木作、清玻、金箔、银箔、镀钛金条、皮革

客厅： 韵律有致的纹理起伏，在照明投射下，可见简洁有力的设计力度。

1.**玄关**：鞋柜门板以皮革拉扣饰面，从玄关开始轻松揭开时尚奢华序幕。

2.**隐藏设计**：功能完备的视听器材，皆隐藏在墙侧黑玻饰条内。

3.**延伸视野**：客厅后方的展示艺廊规划，由柜底清玻的穿透延展，视野可延伸至后方休闲室。

 3

以银箔定义奢华氛围的餐厅中，三扇分别通往储藏室、客卫浴、男孩房的门板，在另加假门的对称修饰中，圈出完整的空间架构。设计师在深色木皮上加诸镀钛金属压条，呼应银箔墙面的奢华感，更借助黑与金的色彩铺陈，衬托宝蓝色餐椅的吸睛效果，定义餐厅的主体意象。

风格的变化在私人领域中有着截然不同的发展方向。女主人的主卧室，通过线条与材质具象呈现奢华而不失简约的维多利亚风；男孩房中的简约低调，则以深色薄石板与木作纹理变化，呈现新西兰家居的经典意象。

1.层次景深：以沙发界定空间独立性的手法，塑造层次渐进的空间景深。
2.引光明亮：休闲区清玻隔断的透光设计，照亮开放式规划的餐厨区。
3.餐厅：晶灿水晶灯与宝蓝色餐椅，妆点出餐厅的品位与奢华。

1.**维多利亚风**：女主人喜爱的奢华点，以维多利亚风格呈现。
2.**更衣室**：更衣室中以展示收纳饰品、配件为主，设计师以精品店概念奢华表现。
3.**主卧室**：珍珠白皮革拉扣床头、绒布床组与法国进口壁纸，铺叙奢华中不失简约的设计质感。
4.**男孩房**：具有吸热功能的深色薄石板，搭配造型吊柜、名牌床组与单椅，打造新西兰居家时尚风情。
5.**建材元素**：纹理鲜明的木作墙面上单悬电视机，搭配薄石板与灰色镀钛条，以质朴建材铺叙时尚表情。

康乾设计工程有限公司·设计师 黄维哲

绿意沁凉·享受轻豪宅生活

本案位于桃园市"丰田大郡"，荟萃地段的精华，并坐拥河滨公园景观，在家即可饱览湖光山色与四季变化，享受最悠闲的舒适自在。进门处，设计师特别将鞋柜与餐柜的功能整合，以木作为房主量身打造丰富的收纳空间。

开放的公共空间让视野开阔，将客厅、餐厅、书房构筑为同一轴线上，串联前后阳台的采光，呈现满室通透明亮。为了演绎优质的生活环境，设计师充分发挥材质特点妆点空间主题，如沙发背景墙使用鳄鱼纹皮革，呈现低调奢华的气韵。

来到一家人围聚的餐厅，主墙面选择镜面材质使区域更开阔，营造视觉放大之效。另外，收纳部分弥漫文艺气韵的书房，采用虚实收放的书柜造型，打造无可藏锋的功能美学。在卧室部分，主卧的床头主墙，更以异材质多元呈现，采用黑镜、鳄鱼纹皮革与木皮来进行搭配，堆砌细腻华美的质感。

坐落位置 | 桃园·八德
空间面积 | 125m²
格局规划 | 客厅、餐厅、主卧室、 小孩房、
书房/客房、卫浴×2
主要建材 | 实木地板、玻璃、木作、皮革、绷布

公共空间：以开放式空间串联客、餐厅与书房，将前后阳台的采光引入室内，呈现满室通亮。

1.开放穿透： 家人围聚的餐厅，主墙面选择镜面材质使区域开阔，并营造放大效果。

2.功能整合：入门后，设计师将鞋柜与餐柜的功能整合，特别以木作为房主量身打造丰富的收纳空间。

3.书房：弥漫文艺气韵的书房，采用虚实收放的书柜造型，打造无可藏锋的功能美学。

4.优质生活：以"品位"为设计主轴，展现居家的舒适质感，演绎优质的生活环境。

5.主卧室：床头主墙以异材质呈现，采用鳄鱼纹皮革、黑镜与木皮进行搭配，堆砌低调奢华质感。

6.舒适自在：坐拥河滨公园的绿意，在家即可饱览湖光山色，享受舒适自在。

设计师 叶锡正

现代都市的幸福旋律

　　本案是宇漾设计为房主精心打造的品位空间，以毫不做作的自然雍容，让空间油然谱写出曼妙乐章，缔造优越及尊贵的生活态度。进门后，恢宏的玄关以材质肌理交织出豪邸意象，贝壳板端景墙与琥珀镜面相互辉映，而夏目漱石的地面则刻画出区域力度，呈现最耀眼的光芒。

　　找到最合适的风格，是驱使生活舞动的美好起点，经过量身打造的环境，淬炼出新时代的空间概念。顺着行进动线来到公共空间，设计师利用开放区域揭示优越气派的主题，客厅、电视主墙立面与机柜采用不同的大理石营造大气风格，两侧并设置两盏对应的壁灯，勾勒出区域轮廓。

坐落位置 | 桃园市
空间面积 | 198m²
格局规划 | 客厅、餐厅、厨房、主卧室、男孩房×2、书房
主要建材 | 皮革、贝壳板、绷皮、大理石、壁布、钢刷木皮、不锈钢镀钛

3

1.**视觉焦点：** 餐厅上
方以镜面搭配圆弧天
花板，让视觉更显开
阔，也呼应圆形的餐
桌，不仅拉长景深，
更成为视觉焦点。

2.**客厅：** 电视墙立面
与机柜选用不同大理
石，营造大气风格，
两侧并设置两盏对应
的壁灯，勾勒出区域
轮廓。

3.**餐厅：** 餐厅是家人
围聚的空间，在这
里，新古典元素展现
得淋漓尽致，侧边立
面以贝壳面板铺述华
美与大气。

4.**玄关：** 进门后，恢
宏的玄关以材质肌理
交织出豪邸意象，贝
壳板端景墙与琥珀镜
面相互辉映，而夏目
漱石的地面则刻画出
区域力度，呈现最耀
眼的光芒。

4

1

华美的餐厅是家人围聚的空间,新古典元素在此展现得淋漓尽致。餐厅上方以镜面搭配圆弧天花板,让视觉更显开阔,也与圆形餐桌相呼应,不仅拉长景深,更成为视觉焦点。设计师在每一个卧眠空间,均以不同的设计风格描绘丰富的情感及独特的个性;主卧室细腻刻画精湛品位,立面多处以皮革拼接变化展现低调奢华,两间男孩房分别以水平、垂直线条及不同颜色来区分,让设计感知铺陈。

1.**书房**：保留了材质最原始的韵味，设计师以温润质感的手刮木地板，为书房增添人文气息。

2.**小男孩房**：小男孩房以水平线条为主题，并将设计元素以凹凸的方式呈现在床头烤漆背板与收纳柜面。

3.**主卧室**：设计师在每一个卧眠空间，以不同的设计风格描绘丰富的情感及独特的个性；主卧室细腻刻画精湛品位，立面多处以皮革拼接变化，展现低调奢华。

4.**大男孩房**：大男孩房以垂直线条来划分，让设计感知一贯的铺陈。

泰信室内设计·设计师 王圣文

浓荫下的成长天堂

　　成就一个家的样子，不仅是家人间协调出的设计蓝图，更离不开与设计师的沟通与磨合。本案男主人喜爱低调奢华，女主人却钟情简约风格里带有设计感，设计师在两种风格之间取得设计平衡，不仅达到男女主人的期待，而且也是对全新挑战的自我实现。

　　在设计之初，忙于工作的男女主人即表示，希望能在家中带入具有家庭观念的象征性对象，为避免入门直视和室而增设的玄关，成为设计师妆点家庭氛围的画布，代表家庭成员的四只造型鹿喷砂于茶镜墙面上，茂盛的枝叶攀天向上，象征两个女儿在父母庇护下平安、健康地长大。
　　可沉淀情绪的木化石电视墙在客厅逸散淡淡的静心功能；设计师除了在上、下方另以黑色烤漆玻璃镜射空间外，还将沙发背墙退缩60cm，以双手法让空间真实放大。为了呼应干净的白色玄关柜与书房沉稳的L型书柜，分别选择白色与灰色沙发并衬以黑色茶几收尾，以黑、白、灰三种颜色达成空间协调性；在低调简约中，奢美的水晶吊灯垂于天花板处，满足男主人对低调奢华的期待。

坐落位置｜中坜市
空间面积｜132m²
格局规划｜玄关、客厅、餐厅、厨房、和室、书房、主卧室、
　　　　　　小孩房、卫浴×2
主要建材｜大理石、钢刷木皮、烤漆、金属、文化石、茶镜

1.家庭意象：代表家庭成员的四只造型鹿喷砂于茶镜墙面上，茂盛的枝叶攀天向上，象征两个女儿在父母庇护下平安、健康地长大。

2.书柜：L型开放木作柜结合铁艺线条与玻璃，塑造利落有型的空间端景。

3.客厅：可沉淀情绪的木化石电视墙在客厅逸散淡淡的静心功能，设计师除了在上、下方另以黑色烤漆玻璃镜射空间外，还将沙发背景墙退缩60cm，双手法让空间真实放大。

延续客厅大理石地面至后方的餐厨区，除了以木作规划的备餐柜外，女主人收集的马克杯，也利用玄关侧边空间收纳或展示；主墙面另以文化石贴饰，在木作简约中增添手作质朴感，完整的立面线条中隐藏了进入小孩房的门板，设计师特别使用高承重的德国进口五金，既方便使用又能保持立面完整性。没有对外窗的餐厅主要光源来自缎铁雕花外、半开放式规划的厨房，窗边惬意的小吧台，是设计师为兼顾工作与家庭女主人的贴心设计。

1.**餐厅**：主墙面另以文化石贴饰，在木作简约中增添手作质朴感。

2.**和室**：架高30cm地面的和室设计，可自动或手动升降桌，除具备客房功能外，地板下也藏有大量的收纳空间。

3.**展示收纳**：女主人收集的马克杯，也利用玄关侧边空间收纳或展示。

4.**厨房**：有别于传统瓷砖或烤漆板的单调设计，设计师在雕花造型板上配以透明玻璃，丰富厨房设计线条。

5.**书房**：嫩绿色墙面与树枝造型书架，在父亲伴读的阅读空间，呈现健康舒适的学习环境。

4

作为卧眠功能的主卧室，素雅、干净是唯一的设计诉求。重点在于更衣室的收纳规划，L型衣柜另设计可旋转的置物篮，让难以使用的转角处也能有实质的收纳功能。小孩房中，以缤纷的桃红和草绿色表现天真与活力，墙角处的烤漆玻璃，让喜爱涂鸦的小女孩可恣意挥洒天马行空的创意。

1.2.**主卧室**：作为卧眠功能的主卧室，素雅、干净是唯一的设计诉求。
3.**更衣室**：L型衣柜另设计可旋转的置物篮，让难以使用的转角处也能有实质的收纳功能。
4.**小孩房**：以缤纷的桃红和草绿色表现天真与活力，墙角处的烤漆玻璃，让喜爱涂鸦的小女孩可恣意挥洒天马行空的创意。

天涵空间设计有限公司·主持设计师 杨书林

低调奢华·定制全方位空间

坐落位置 | 台北市 　　　　**空间面积** | 132m²
格局规划 | 玄关、客厅、餐厅、开放式厨房、吧台、主卧室、主卫浴、
　　　　　　 姐姐房、妹妹房、更衣室、客卫浴、工作阳台

　　在沉稳氛围中注入低调奢华的设计因子，天涵设计从居住者的需求角度延伸，定义独一无二的设计概念。公共区域营造通透明亮的大视野，私人区域满足姐妹俩的喜好，打造符合每位家庭成员期待的家。

　　房主喜欢沉稳且低调奢华的居家风格，对生活质量有一定要求，特别注重空间感的营造，以及舒适的采光与通风规划。

天涵空间设计首先展开的是公共区域的开阔性计划，开放式连贯客厅、餐厅，引导采光明亮一室，并大范围采用秋香木包覆立面，稳定风格铺陈的节奏。客厅主墙搭配云彩灰大理石提升空间质感，居家软件尝试使用时尚亮白及亮丽紫色增添华丽风采，比例精准的建材与配色，诠释出低调奢华氛围。

餐桌同时是家庭主人的工作区，周全的功能规划相对重要，大型玻璃柜给予主人自行装饰餐厅主题的弹性，下方则都是实用的收纳空间，并配有四人使用的餐桌，宽敞的面积可供房主利用，功能性十足。两姊妹对卧室有不同的期待，设计者投其所好，为喜欢梦幻、浪漫气氛的姐姐，布置了紫色唯美卧室；而喜欢现代摩登感的妹妹，则安排浮雕简约的树状造型，增加年轻人偏爱的设计感。

1.客厅：房主夫妻喜欢沉稳且低调华丽的居家风格，因此挑选秋香洗白木皮染色，并以镜面做点缀。

2.电视墙：电视墙搭配云彩灰大理石提升质感。

3.餐厅：四人用的餐桌亦是主人的工作区，备有充足的收纳空间及功能性。

4.姐姐房：以圆弧概念设计展示玄关，并以薰衣草紫的唯美想象，为空间带来浪漫风情。

5.妹妹房：正留学美国的妹妹，思想摩登喜爱现代风格，因此卧室以白色与年轻的设计感为主。

6.主卧室：主卧室床头为菱格造型，为白色基调的空间注入华丽感。

层峰眼界·体现不凡生活品位

坐落位置 | 台中市七期
空间面积 | 165m²
格局规划 | 玄关、客厅、餐厅、钢琴房、展示区、厨房、主卧室、卫浴×2
主要建材 | 黑金锋大理石、新米黄大理石、帝诺大理石、黑檀木、橄榄石、灰
镜、不锈钢、壁纸

　　当个人事业及人生视野进入层峰级阶段，居住的质感要求和鉴赏品
位都相对更为讲究，禾聚设计汇集时尚及人文点滴，为业主创造了一处
细致且低调奢华的豪宅意象。

　　除了住家外，另辟一处个人"招待所"，将自身收藏的古董名品
专属展示，且可以和亲朋好友更自在地欢聚，是房主对此案的想法及
定义。

　　黑金锋大理石及新米黄大理石拼贴出贵气玄关地面，兰花金箔端景
墙与大器门拱为进入公共区域留下完美暗喻。客厅以灰网石及银箔铺述
出豪华气派的大宅风范；灰镜和不锈钢立面镜反射窗外景致，让客厅更
显宽阔明亮。半矮墙规划的电视墙维持视线通透且与餐厅间的动线宽阔
顺畅，餐厅壁面以明镜滚边并用仿鳄鱼皮革包覆，将收藏的珍贵画作以
画中画的形式展示；餐厅中岛吧台及开放式厨房的配置，便于宴客时与
宾客间的互动。

　　设计师汲取博物馆的展示灵感，展示区两边通透的过道可以从不同
的角度欣赏古董之美；推开旋转式门板来到钢琴区，静谧幽雅的环境，
轻弹令人陶醉的音符，随风进入每个人的心田。

　　主卧室以沉稳色系进行铺陈，缇花绷布床头及对称的水晶吊灯，营
造浪漫唯美的休憩氛围。衣柜以大印花图案跳出鲜活的新古典因子，烤
漆的造型延续至衣柜门板，右边为进入卫浴的暗门，巧妙隐藏，不破坏
整体美感。

1.客厅望向玄关：灰镜和不锈钢立面反射出窗外景致，让客厅更显宽阔明亮，两旁对称端景分别可展示房主的珍贵古董。
2.玄关：黑金锋大理石及新米黄大理石拼贴出贵气玄关地面，兰花金箔端景墙与大器门拱为进入公共区域留下完美暗喻。
3.电视墙：以帝诺石做半矮墙的规划，维持视线通透，与餐厅间的动线宽阔顺畅。
4.展示区：汲取博物馆的展示灵感，两边通透的过道可以从不同角度欣赏古董之美。
5.餐厅：中岛吧台及开放式厨房的配置，便于宴客时与宾客间的互动。
6.钢琴区：推开旋转式门板来到钢琴区，静谧幽雅的环境，轻弹令人陶醉的音符，随风进入每个人的心田。

采舍空间设计·主持设计师 杨诗韵 卓宏洋

图案勾勒·舞动线条的低调串联

在空间的配置上，希望能减轻封闭感，因此设计师在玄关地带采用"非墙"的概念打造，镂空屏风的穿透不仅加大了玄关区域，与餐厅的半重叠同时也串联了区域关系。

1.设计师在天花面以图案花、立面处以镂空板进行妆点，呈现非线板勾勒的过度辉煌。

2.玄关与客厅的过渡中，立面处茶镜、图案花样搭配局部黑镜，层层堆栈出的立体感，以及餐厅空间的镜面投射，增添入门视线的丰富度。

3.波斯灰大理石电视主墙，在低台度中延伸至窗边畸零处，上下吊柜与镂空门板结合，打造主机柜功能。

4.餐厅处菱形造型墙面两侧的对称呼应，一是通往私人区域的动线，二是拉门设计不仅可遮掩底端厕所门板，还可避免夏日冷气流散。

坐落位置 | 竹北
空间面积 | 122m²
格局规划 | 玄关、客厅、餐厅、厨房、书房、主卧室、儿童房×2、卫浴
主要建材 | 灰镜、白烤、镂空造型板、波斯灰大理石

1.**电视主墙**：波斯灰大理石的半墙，在低台度中延伸至窗边畸零处，上下吊柜与镂空门板结合，打造主机柜功能。
2.**端景镜面**：茶镜、图案花样搭配局部黑镜，层层堆栈出的立体感，以及餐厅空间镜面的投射，增添入门视线的丰富度。
3.**设计风格**：考虑到室内空间有限，以空间感为第一优先考虑，本案也是新古典低调奢华风格的代表作。

1.**书房**：茶镜为主体的对称性，中段跳以壁纸的轻盈，在华丽中平衡了空间沉重感。
2.**餐厅**：端景柜的呈现，意象式分割了餐厅、厨房与阳台的动线。
3.**主卧色系**：烤漆玻璃的清亮光泽混搭上绌布的暖度，看似是冷色调性，设计师却悄悄以木质的温润进行了平衡。
4.**主卧床尾**：立体图案花样在床尾处展开，线条分割将卫浴动线化为隐形。
5.**女孩房**：粉色系的色彩，妆点出小女孩的浪漫情怀。
6.**男孩房**：设计师将梁下凹槽处采用上掀设计，既保留了开窗明亮，也多了一处大型棉被收纳区域。

语承室内设计·设计总监 陈子寯

图案定制·明亮大气

　　让私人区域保持小朋友喜欢的可爱与清爽，公共区域则拥有凝聚家人的完满，是设计师打造的居家氛围。

　　喜爱绿色的房主，希望能将绿色调铺陈在居家空间中。另外，也希望能在居家设计中带入家庭成员的特色，以"人"作为设计主体，打造华丽人文的生活敞居。

　　玄关区域以"人"延伸而出的图案，是语承设计献予房主独一无二的设计创意，一家四口的生肖，以男主人的公鸡为造型，层层包覆女主人的小猪、小朋友的兔子与牛，让到访者轻松对房主有了初步认识。

　　细腻中，考虑到房主喜爱的绿色系，设计师选以镜面框住浮雕壁饰板，低调、粗糙横向延续至客厅圣罗兰黑金大理石电视主墙面，配以"回"型密底板沙发背景墙，奢华中有了趣味性的平衡；呼应着公鸡家徽的俏皮，设计师在水晶灯周围添入鸟巢状金属铁艺，调和空间特色。

　　为了让空间穿透明朗，设计师打开原格局中的厨房位置及侧边阳台，通过纱帘隐约分割出女主人独处的宁静时刻；视线落入前方乱纹板腰带点缀，顺势纳入储藏室与视听空间；而整体空间的配置上，男孩房与视听室的对调使用，进门处拉门与开门的结合运用，创造出饱满的书籍收纳功能。

坐落位置 | 新北市·中和区
空间面积 | 165m²
格局规划 | 玄关、客厅、餐厅、厨房、主卧室、儿童房×2、视听室、卫浴
主要建材 | 青玉石、黑云石、圣罗兰黑金大理石、明镜、烤漆玻璃、茶镜、海岛型木地板、彩绘、乱纹板、绷布、铁艺、铝框

1.2.**餐厅**：配以对称式设计虚化单调的墙面量体，开启了男孩房的门板位置。
3.**玄关**：玄关区域以"人"延伸而出的图案，是语承设计献予房主的独一无二的设计创意，一家四口的生肖，以男主人的公鸡为造型，层层包覆女主人的小猪、小朋友的兔子与牛，让到访者轻松对房主有了初步认识。
4.**吧台区**：视线转折茶镜对向性定位出动线规划，同时带出翡翠晶钻大理石所打造的吧台及钢琴练习区。
5.**吧台与琴区**：斜纹刻画在第一面向中隐藏起柱体，而以喷砂设计的第二面向，营造低调奢华的灯盒效果。

1.**主卧室：**以棕色乱纹板为悬吊柜门，大地色调让主卧室呈现自然纯朴气氛。
2.**视听室：**男孩房与视听室的对调使用，进门处拉门与开门的结合运用，创造出饱满的书籍收纳功能。
3.**女孩房：**防污、耐脏及抗尘螨功能床垫的选用，造型强烈突出小主人的自在天地。
4.**男孩房：**天花板的照明光带，低调反射度虚化梁体的存在。

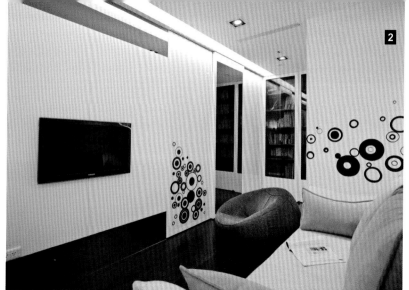

采坊空间室内设计工程·设计师 简伯谚

充满科技现代感的世外桃源

　　每一个案子都是一个家庭的期待，如何设计出符合业主喜好与品位的作品，对设计师来说可是一项重责大任。

　　设计理念不能只考虑美感而忽略了实用性，如何巧妙地结合美感与实用两种感性与理性的不同层面，在考验着身为设计工作者的巧思与专业性，能够让实用与美结合，两者平衡又完整地呈现在空间规划与设置上，才是室内设计的真正意义。

　　此案本身居住环境绝佳，为了让业主生活更舒适、更有情趣，设计师发挥创意改造旧屋，赋予了空间全新的生命力。特别是玄关、客厅、餐厅区域的范围较大，设计师采用整体设计的收纳柜及电视墙，让空间感效果一致，而沙发造型墙与简单的线条搭配，则创造出立体视觉效果。不同生活功能的空间都以巧思满足收纳需求，同时还能兼顾时尚造型的美感。

1

坐落位置 | 台北·新店
空间面积 | 100m²
格局规划 | 客厅、餐厅、厨房、吧台、卧室x2、书房
主要建材 | 抛光石英砖、钢琴烤漆、强化玻璃、海岛型木地板

1.宽敞的公共空间，以时尚风格创造充满科技现代感的居家环境。黑色烤漆玻璃为底的电视墙与黑色皮沙发相互对应，投影幕布隐藏在上方的梁柱里，在这个宛若小型电影院般的影音剧场里，处处令人惊奇。

2.为了不浪费玄关区的空间，在此设计大面积的白色钢琴烤漆置物柜，与客厅电视墙造型整体搭配。

3.餐厅与客厅之间没有阻隔，且玄关区具有收纳功能的置物柜线条简单利落，镜面反射的效果让空间看起来更加明亮，让公共空间的整体视觉动线十分流畅。

4.沙发后上方的造型时钟兼具实用功能及时尚感，而投影机柜就隐藏在时钟上方，看着它缓慢开启，令人忍不住要赞叹科技感的巧妙设计。

5.镜面墙让餐厅区狭长的空间变得更为宽阔，黑色钢琴烤漆吧台既时尚又耐看，吧台后方的玻璃柜不仅提供收纳功能，还能衬托亮眼的造型吧台。

1.吧台下方以蓝光LED灯营造气氛，与吧台后方玻璃柜的顶灯相互呼应。

2.黑色吧台与白色座椅的组合，让整个吧台空间具有时尚潮流的氛围。

3.主卧室中的超大床组可以让人更加享受舒适的睡眠空间，大面积的衣柜可收纳电视影音设备，窗边还能设置书桌，室内配置一应俱全。活动黑色线帘可将卧室内的睡眠空间和阳台休息空间稍作区隔。

4.拉上黑色线帘，除了可以保护室内隐私外，也可以区分同一个房间内不同功能的空间，以避免狭长的卧室看起来太深。

5.床头柜造型兼具装饰功能，并巧妙隐藏上方梁柱，以减少压迫感；床边梳妆台的镜子刻意采用倾斜角度设置，让女主人梳妆打扮时视觉感受更舒适。

6.和室书房兼具客房用途，升降桌面收起来平放后就是可供客人休息的房间。每个座位下面都是暗藏的置物柜，可充分利用空间。

宙霈空间设计工程有限公司・设计师 赖义鹏

低调中的奢华都市风

　　设计师拆除原来的格局，将主卧入口调整成L型动线，避掉开门对房的忌讳；玄关的茶镜设计，则将空间以繁花似锦的大气度精彩展开与延伸，让玄关区域展现出实用功能与美感品位兼具的优雅氛围。

　　从玄关一路延伸至客厅的墙面，选择以茶镜与白色线板设计，让材质本身的色彩与线条产生细腻的设计美感。主墙以白色画框方式镶嵌茶色镜面，精准的横竖交错，使设计更具自由度，也堆砌出画面的变化性，同时还可顺势利用墙面的变化来营造走廊端景。

　　"低调中看见奢华"是此空间最简单且直接的主轴。主卧的规划俨然就是精品旅馆，由于女主人的工作性质，特别在主卧室中规划出阅读区与书柜，将浪漫与简洁展现得淋漓尽致；推开隐藏门，进入更衣间，映入眼帘的大面穿衣镜、衣柜，更一一利用灯光营造出体贴质感与现代感。

　　此外，设计师对光线的调整也相当仔细，例如室内大量采用茶镜，通过去光手法来凸显空间的轻松休闲与质朴感受，而灯光配置时更将细节拉至空间的中下段，晕染出完美气氛。从不少细节中都能感受到完美设计，且满足各自坚持与偏爱的重点。

坐落位置｜新竹
空间面积｜133m²
格局规划｜餐厅、厨房、客厅、儿童房×2、主卧、和室、卫浴×3
主要建材｜雪白银狐大理石、茶镜、欧式线板、海岛型实木地板、环保漆

1

1.利用白色线板镶嵌出茶镜的透视感，随着光影映射出不同的深色调，更让空间充满前卫简洁的利落感。

2.客厅空间运用神秘棕色调，却不显沉重，原因在于雪白大理石电视墙，以画龙点睛的方式撷取视觉焦点。

3.墙面的线条与茶镜的线条相呼应，呈现空间整体感。储藏室采用隐藏设计，让餐厅在完整的功能中还能展现舒适的空间氛围。

1.大面积的粉红色壁纸，利用HELLO KITTY的腰带加以点缀，呈现出女孩的甜美与可爱。
2.基于男孩对新干线卡通的热爱，因此房间以蓝色基调为主，充满爽朗与纯真的纯粹感。
3.兼具藏书与展示收纳的多功能书柜，展现抢眼印象的黑色皮革背板以及浪漫的花饰窗帘，尽显主卧多样时尚的现代生活空间。
4.精致优雅的梳妆台特别设置珠宝收纳柜，并以雾面玻璃覆盖。

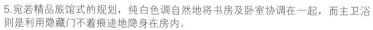

5.宛若精品旅馆式的规划，纯白色调自然地将书房及卧室协调在一起，而主卫浴
则是利用隐藏门不着痕迹地隐身在房内。

6.更衣室的大容量展示衣柜，让任何类型的衣服与配件都有其专属的位置，而在
多层次的灯光映衬下，衣物质感表露无遗。

昆益设计 · 主持设计师 林志强

打造五星级居家空间

　　房主想要远离城市的喧嚣，所以在幽静处买了一套属于自己的房子。在这个165m²的空间中，房主想要的是一种具有度假性质的生活空间，又或者是有亲朋好友来访时，可以无拘无束、谈天说地的私人场所。设计师结合房主的背景与兴趣，打造舒适而又奢华的空间，为房主营造出极度隐秘的个人会馆。

　　玄关的设计考虑到鞋子的收纳需求，在左侧配置了一个鞋柜，不到顶的设计解决了柜体可能带来的压迫感，并以画作为装饰，创造出视觉焦点。在客厅的设计上结合了私人休闲需求以及迎宾功能，宽敞的空间可让房主将此处作为接待场所，而电视墙的玻璃柜则具有展示功能，可供房主摆放贵重的收藏品。餐厅的设计，在四面用了大量玻璃与镜面材质，餐柜墙面使用烤漆玻璃搭配花朵图案，展现高雅的气质。而另一头则是房主的私人空间，靠窗的和室设计提供房主一个可独处或泡茶沉思的场所。

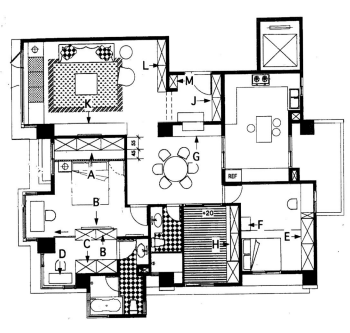

坐落位置｜台北县
空间面积｜165m²
格局规划｜客厅、餐厅、厨房、主卧室、客房×2、书房、卫浴×2
主要建材｜钢管、茶玻璃、黑云石、大理石、烤漆玻璃

1.玄关左侧为鞋柜，解决了房主的收纳需求，空间搭配水晶灯以及装饰画的设计，表现出空间的质感与贵气。
2.客厅上方配置了主灯，通过灯具的装饰让空间更具视觉重心。

1.客厅与玄关之间的隔断以展示柜代替，房主可在此摆放藏书或其他物品。
2.客厅的沙发背景墙以对称式手法设计，中间摆放两幅画作，两侧则立起黑云石，凸显出空间的奢华感。
3.电视墙的两侧设计了玻璃柜，犹如精品店般的设计质感更能凸显出房主的贵重收藏。

4.餐厅另一侧的墙面使用烤漆玻璃，上方刻有雅致的花朵图案，其中一扇为通往客浴的门板，隐藏式设计让人感觉不到客浴的存在。方形的餐厅空间搭配了同样的几何形水晶灯，让空间的质感倍增。

5.餐柜的墙面使用烤漆玻璃搭配花朵图案，展现高雅的气质，间接照明的搭配使用可让空间更明亮。

1.主卧室床头使用深红色绷布，衬托出空间的安静，也符合休憩的性质，靠窗处摆放矮柜以及主人椅，让房主另有可休息的空间。在私人空间的规划上，以超越五星级饭店的规格来配置，为房主打造具有高质感的生活空间。

2.客房摆设两张单人床，比照五星级饭店的质感设计。
3.此处为房主的私人空间，靠窗的和室设计为房主提供了一个可独处或泡茶沉思的场所。
4.书房和客厅之间使用茶色玻璃作为隔断，色调上不但取得了一致，穿透性的材质也让空间更宽阔。

三宅一秀空间创艺有限公司·设计师 郁琇琇

摩登时尚的新古典都市居家

　　迈入耳顺之年的屋主，为让子女与个人皆享有独立且自在的生活空间，遂将原两户合并的居宅拆成独立空间使用；而乐于体验生活的屋主，也充分利用装修期间进行单车环岛之旅，设计师则将其影像以大图的形式纪录于空间立面上，并加入专属车架设计让其兴趣有精品般的展示。

　　考虑到梁下最低处仅有二米五的屋高，设计时尽量挑空屋高，并破除原封闭的书房，且与餐厅连通，既体现互动感，又让整个空间纵深与宽度达到开阔的效果。

坐落位置 | 台北・信义路
空间面积 | 100m²
格局规划 | 客厅、餐厅、书房、主卧室、客房、卫浴×2、阳台
主要建材 | 胡桃木木皮、大理石、茶镜、烤漆玻璃

1.餐厅动线的左右两侧，用餐时视线可以延伸至脚踏车及鱼缸，可跟朋友边享受美食，边分享自己的爱好与兴趣。
2.书房与餐厅之间设计隐藏式拉门，希望整体空间不受限制，如此一来，餐厅可以直接看到书房，上网办公时也能从书桌看到远景，视觉延伸不被阻隔。

1.因人口简单，客厅配置采用一字型沙发设计，加以大面积的落地窗，即可随性坐卧欣赏阳台园艺造景。另外，考虑到房主收藏音响的爱好，客厅两侧皆设计音响柜体，巧妙隐藏影音配线，满足收纳需求。

2.3.男主人以前不讲究寝具摆饰，但在设计师陪同选购时发现了整体搭配设计上的趣味，让购买寝具成为生活上的另一种情趣。因为女主人不希望到处都是门，因此更衣区以图案镜作为空间区隔。

4.客厅有环绕音效设备，房主的电吉他也有展示及收纳空间。在客厅喝咖啡、玩电脑，随时陶醉在影音与视觉的享受中。

1.房主热衷于自行车运动，以前没有收纳空间时只是随意堆在一旁，现在照片墙加上爱车专属的收纳区域，如同精品般受到重视，营造空间的故事性。
2.卫浴采用干湿分离，洗手台的大台面让使用者更方便。

传十设计·设计师 许天贵 李文心

低调奢华风·度假行馆

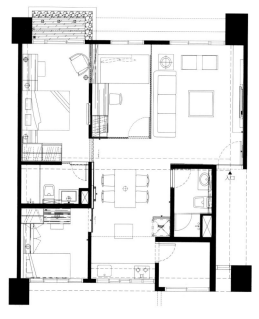

本案为83m²的新房，客户需要3室2厅的格局，如何在此要求下保持空间的开阔感，成为本案设计的重点。从玄关望向室内，远方山峰连绵的棱线透过三大面采光窗清晰可见。设计师为了增加空间的深邃感，将紧临客厅的男孩房以强化玻璃造型，另外在主卧室与男孩房间的墙面也保留部分玻璃墙面，视野从玄关一路直探主卧室的窗边风景，有效地将室外景观水平延伸。设计师还省去走廊空间，让所有独立区域紧邻开放餐桌，精简的动线也让区域多了自由变化的弹性。

再通过家饰的搭配及光影的变化，打造房主喜欢的"深沉低调奢华氛围"。设计师在公共区以黑白为主调，搭配造型简练，且略带光泽、纹理特殊的材质，增加空间的丰富性与整体质感。另在每一个区域内也赋予不同彩度的材质，如餐厅的深色壁布墙面、主卧室暖色系的石材背景墙、女孩房米黄色系的壁纸及男孩房中浅绿色的主墙，除了让每个空间与主区域有所连接外，还能保持各自的空间特色。

材质的美感需要人工与自然光线来营造，设计师运用大量的间接光手法，在天花板、墙面等区域适度搭配，提供多样的情境照明。精心挑选的吊灯、台灯，也为每一个空间带来活力，并成为视觉的焦点。

坐落位置 | 台北·内湖区
空间面积 | 83m²
格局规划 | 客厅、餐厅、厨房、主卧室、女孩房、男孩房（书房）、卫浴×2
主要建材 | 石材、玻璃、壁纸、乳胶漆

从玄关望向室内，远方山峰连绵的棱线透过三大面采光窗清晰可见。

1.紧临客厅的男孩房改用清玻璃搭构，并在主卧室与男孩房的墙面保留部分清玻璃墙面，延伸的视野从玄关一路直探主卧室的窗边风景；有效地将室外景观水平延伸。

2.设计师在公共区域以黑白为主色调，打造时尚奢华的空间。

3.所有独立区域紧邻餐厅区的设计，精简的动线让区域多了自由变化的弹性。

1.造型简练，略带光泽且纹理特殊的材质，增加了空间的丰富性与整体质感。
2.清玻璃隔断设计，使餐厅区拥有得天独厚的自然采光。
3.延续客厅黑白设计的基调，餐桌使用与电视墙同一种石材，让两个区域彼此呼应。
4.具有镜面效果的深色烤漆玻璃，反射书房外的风景，丰富了整体的空间表情。

主卧室采用暖色系石材背景墙，增添了空间的奢华质感。局部墙面的通透玻璃隔墙，拉伸了整体空间的视觉深度，内藏于玻璃隔断上方天花板的卷帘，也保有了空间的隐私性。

近境制作 · 设计师 唐忠汉

气宇非凡 · 深沉典雅

　　延续整栋建筑现代古典的风格，设计师以简洁的线条架构空间背景，辅以玄关与天花板带点繁杂的线板，并采用不锈钢、玻璃、白色烤漆材质，搭配深色且具设计感的现代家具，在深浅交织的层次空间中，散发出一股现代与古典完美融合的优雅气度，塑造大尺度空间不凡的生活品位。

　　坐拥绿意的绝佳环境，设计师采用整面的透明玻璃落地窗，搭配一层窗纱、一层窗帘布的手法，为室内揽进大自然绿意的同时，也为房主保留了隐私。于是，在采光充足与环抱绿意之下，简洁的线条与带点繁杂却单纯的线板，在白色基调的空间中相互交织出一室的纯净优雅。不着痕迹的设计，无不让室内空间得以与整栋建筑物相呼应，展现出气宇非凡且深沉典雅的现代古典味道。

空间面积 | 215m²
格局规划 | 玄关、衣帽间、客厅、餐厅、厨房、书房、主卧（起居室、更衣室、浴室）、长辈房、儿童房、浴室、阳台、储藏室
主要建材 | 秋香木皮、黑云石、不锈钢、玻璃、白色烤漆、石材

1.**玄关**：带点古典味道的定制玄关柜，为纯净简洁的白色空间增添了优雅的柔美气息，给回家一个舒缓情绪的过渡。

2.**客厅**：为对应沙发主墙旁的那扇以简洁线条勾勒出现代古典味道的门扉，特意在另一旁也运用同款线条打造一面相同大小的装饰墙，讲究对称的设计风格，让简洁的空间洋溢现代古典的氛围。

3.4.**客厅**：黑云石电视主墙两旁对称的不锈钢框、透明玻璃搭配的白色百叶帘，线条与材质简洁，却蕴含新古典的对称设计。客厅与书房的玻璃隔断，具备视觉穿透效果，而白色百叶窗帘与咖啡色窗帘，更让两个空间可连接，可独立。

5.**从客厅望向餐厅**：开放的客、餐厅空间，因一盏造型柔美并将光影投射在天花板的吊灯，而使用餐区洋溢优雅的愉悦氛围。

6.**餐厅**：为隐藏位于餐厅旁阳台晒衣空间的杂乱，采用两两对称的胶合玻璃门搭配一面白色的装饰墙面，墙面简单的方格线条勾勒出现代古典感受。

1.**由餐厅望向客厅**：开放的客厅、餐厅、厨房空间，成就了空间的大气感，而落地窗将户外的绿意揽入室内，则为大气空间增加了自然变化的丰富面貌。

2.3.**餐厅、厨房**：延续客厅的白色基调，餐厅与厨房仍是优雅的白色主调，为公共空间营造整体和谐的纯净优雅。

4.5.**主卧**：无论是睡眠区还是起居区，都拥有大自然的户外美景，宛如置身于五星级休闲饭店的舒适套房，悠然惬意。

6.**长辈房**：在简洁的线条空间背景下，于天花板运用多层次的线板，搭配咖啡色窗纱、窗帘，打造简练、典雅的长辈房。

7.**儿童房**：以温馨的浅色系搭配床头绷布设计，铺陈儿童房一室温馨满满的舒服感受。

书房：位于客厅旁的书房拥有展示柜，设计师以透明玻璃隔断，让两个空间得以连接，具有扩大空间的效果，搭配双层白色百叶窗，想开放、半开放或独立，皆可视需要进行调整，赋予空间多元功能。

低调奢华的美学新主张

玄关区域以银色鳄鱼皮革作为玄关端景的背景表现，水晶灯饰、镂空屏风图案、佛桌的设置，都是塑造东西方之间的古典意象融合，精彩而大气。运用黑白大理石拼贴的地砖与室内木质地板做内外区域界定的因子，柜体的线条延续自玄关而至客厅区域，通过弧形圆柱展示区域的设计，区分了内外之间的区域，在走廊底端安排华丽落地的镜面，成为视觉的焦点表现。

通过金、银、灰等色系打造客厅区域的奢华古典感觉，主墙面以希腊洞石塑造出宛若艺术神殿般的样式墙，利落地将艺术与生活的空间做出完美的结合。同时运用自然景观的融入，强调空间的层次感。

通过中岛的设计，将餐厅、厨房之间的区域界定得更为明确，柜体水晶拼贴的图案，也同时规划在主卧的床头柜上。餐厅大面积的黑色烤漆玻璃有效延展了视角；中岛以黑色菱格状的亮皮皮革搭配水晶装饰，古典之间更显时尚奢华、低调内敛的气势。

为了让孩子有足够的成长空间，设计师将睡眠及阅读区域做独立规划，阅读区域大面积对外窗的设计，引进充裕的绿意，将室内外连接起来，给予孩子完整而独立的阅读环境。琴房的设置是为了学琴中的孩童，琴房的主墙隐藏了掀床的功能，也可作为客人来时的休憩空间。

主卧区域中床头左右对称设计的灰镜与主墙壁纸的图案以相同的巴洛克风格安排，通过不同材质将立面做完整的结合。卫浴空间承袭公共空间的精致时尚感，通过黑云石搭配烤漆玻璃、黑色鳄鱼皮镜框、印度黑大理石的浴缸、墙面的花砖、地板的家徽嵌入，运用时尚美学将卫浴空间规划得独特而典雅。

坐落位置 | 台北·内湖
空间面积 | 142m²
格局规划 | 客厅、餐厅、厨房、书房、客卫、主卧、主卧卫浴、更衣室、儿童房、多功能琴房、阳台、黑云石、洞石、烤漆玻璃、明镜、进口壁纸、激光切割花纹、进口人造石台面、进口马赛克、进口花砖、灰镜

1.2.**玄关**：黑白大理石拼贴的地砖与室内木地板做内外区域界定的因子，柜体的线条延续自玄关而至客厅区域，在走廊底端安排华丽的落地镜面，成为视觉的焦点表现。

3.4.**从玄关望向客厅**：以银色鳄鱼皮革作为玄关端景的背景表现，水晶灯饰、镂空屏风图案、佛桌的设置，都是塑造东西方之间的古典意象融合，精彩而大气。

5.**客厅(一)**：设计师通过金、银、灰等色系打造客厅区域的奢华古典感，同时运用自然景观的融入，强调空间的层次感。

1.2.**客厅(二)**：主墙面以希腊洞石打造出宛若艺术神殿般的样式墙，将艺术与生活空间做出完美结合。

3.4.**厨房中岛**：通过中岛的设计，将餐厅、厨房之间的区域界定得更为明确，柜体水晶拼贴的图案，也同时规划在主卧的床头柜上。

5.6.**餐厅**：餐厅大面积的黑色烤漆玻璃，有效地延展了视角；中岛以黑色菱格状的亮皮皮革搭配水晶装饰，古典之间更显时尚奢华的气势。

7.**书房**：为了让孩子有足够的成长空间，设计师将睡眠及阅读区域做独立规划，阅读区域大面积对外窗的设计，引进充裕的绿意，将室内外连接起来，给予孩子完整而独立的阅读环境。

1.2.儿童房：银黑色的衣柜门与蓝色系相融合，塑造出男孩活泼、勇敢的独特性格，引进户外的"绿意"，将休息氛围营造至最佳状态。
3.4.客卫与琴房：客用卫浴通过灰色马赛克瓷砖、蓝色花砖、灰镜、水晶吊灯灯饰，营造出低调奢华的美学氛围；琴房的设置是为了学琴中的孩子，琴房的主墙隐藏了掀床的功能，也可作为客人来时的休息空间。

1.2.**主卧**：睡眠区域中床头左右对称设计的灰镜与主墙壁纸的图案以相同的巴洛克风格安排，通过不同材质将立面做完美的结合。
3.4.梳妆区域为女主人专属的生活私密空间，钱币的图案延伸至卫浴区域的推拉门，通过相同的图案，有效地连接内外区域。

主卧卫浴：卫浴空间传承了公共空间的精致时尚感，通过黑云石搭配烤漆玻璃、黑色鳄鱼皮镜框、印度黑大理石的浴缸、墙面的花砖、地板的家徽嵌入，运用时尚美学打造独特而典雅的卫浴空间。